LES

VIGNOBLES

ET

LES VINS

DU LAONNOIS

JADIS ET AUJOURD'HUI

Par Édouard FLEURY

LAON

IMPRIMERIE DU JOURNAL DE L'AISNE

rue Sérurier, 22

1873

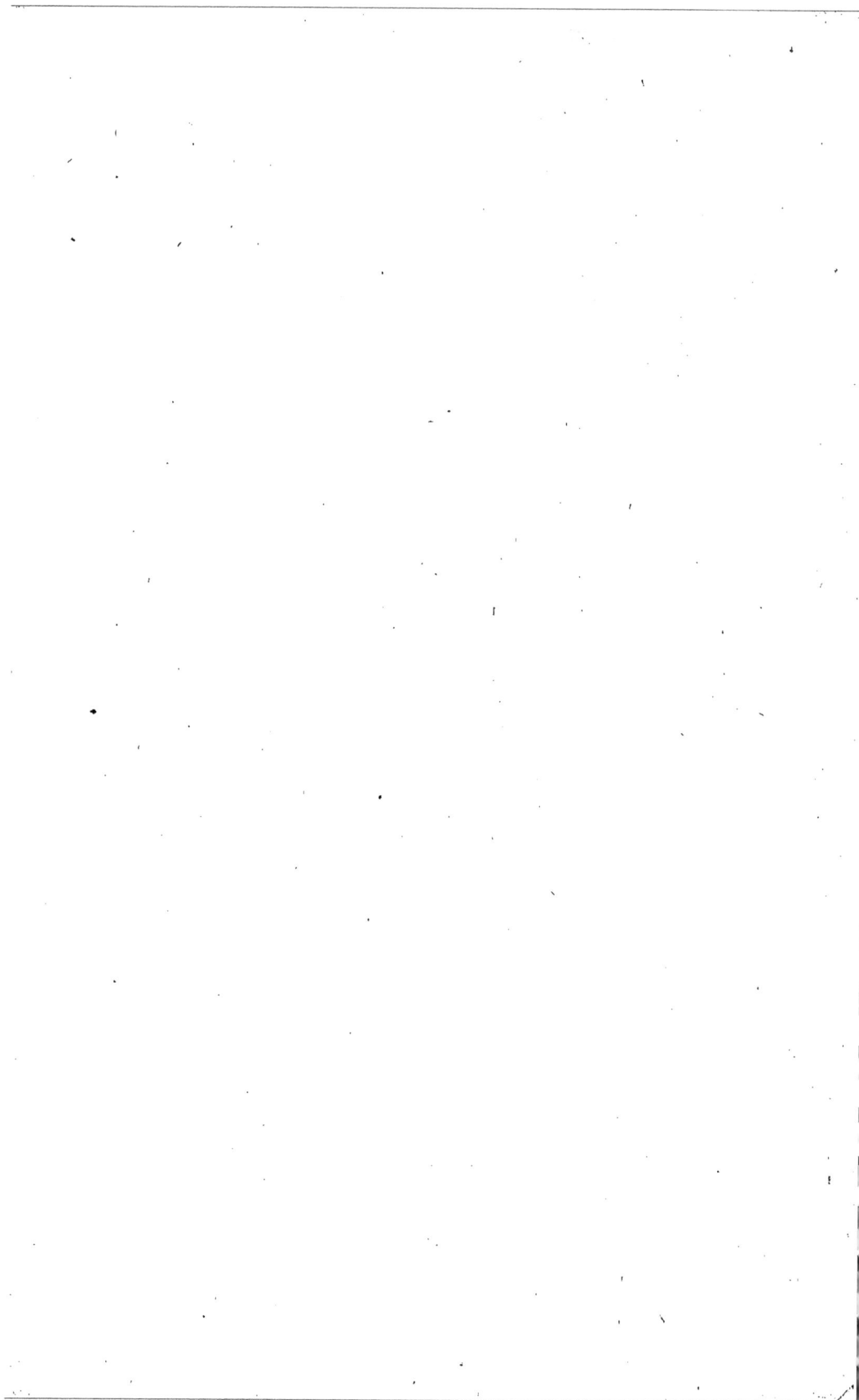

LES VIGNOBLES

ET

LES VINS DU LAONNOIS

JADIS ET AUJOURD'HUI

1°

Ces jours derniers, j'étais d'assez bon matin battant le plateau historique et curieux qui domine les Creuttes de Mons-en-Laonnois. Je cherchais à reconstruire l'ensemble des grottes préhistoriques que nos pères habitèrent dans une antiquité qu'il n'est guères facile de préciser, dont on ne peut nombrer les années, chiffrer les siècles. Je demandais aux larris trempés de la rosée automnale, aux pentes abruptes, aux terres labourées, ces instruments et ces outils de silex taillés qui sont aujourd'hui les seuls témoins de la civilisation primitive et plus ou moins reculée, suivant que ces silex appartiennent à l'âge de la pierre non polie ou polie, le clivage et le polissage constituant deux industries sœurs, parallèles, mais non contemporaines.

Quand j'abordai la montagne, elle était perdue dans une épaisse couche d'une brume grisâtre, compacte, humide, qui s'entr'ouvrait parfois pour laisser filtrer un pâle rayon de soleil et passer un lambeau de ciel bleu.

Tout à coup le brouillard s'abaissa. Le plateau seul émergeait des vapeurs qui descendaient lentement vers les pentes, en s'accrochant et se déchirant aux pointes des roches et des buissons. Le ciel était tout d'une pièce et d'un azur sombre qui contrastait avec les tons éclatants de blancheur des couches supérieures de la brume. Moutonnant et mobile comme les flots de la mer, le brouillard marchait et s'agitait, montait et descendait, s'écrasait lentement, laissant apercevoir d'abord la ceinture des montagnes qui bordent l'Aisne et l'Ailette, ensuite quelques détails des gros mamelons plus rapprochés dont le dos noir formait des îles, puis des groupes d'arbres se montrant par la cîme, puis la masse puissante de l'église de Mons-en-Laonnois, puis les maisons du village rangé en demi-cercle lumineux sur le repoussoir énergique des plantations qui peuplent le marais.

En ce moment, le soleil resplendissant couvrait les bataillons épars du brouillard de ses rayons dont la chaleur et le poids complétèrent la déroute. Les vapeurs, qui alors rampaient au fond du vallon, s'enfuirent, vaincues, à travers les défilés qui s'ouvrent entre les collines, à droite sur Saint-Julien, en face entre l'îlot de Laon et les contreforts de Festieux, de Coucy-les-Eppes et de Saint-Erme, à gauche entre le promontoire de Laniscourt et Molinchart. Enfin, de cet intense brouillard il ne resta qu'un voile de brume bleuâtre et qui estompait la ligne des montagnes du dernier plan, en leur donnant un ton transparent d'une douceur infinie.

Rien n'était comparable à ce splendide tableau dont on ne peut dire l'immensité, la profondeur, la variété et l'éclat matinal. L'humidité versée partout par les nuages vaporeux donnait à chaque plan plus de valeur que d'habitude, à chaque détail une puissance incroyable.

Au premier plan se développaient : à gauche, les croupes du promontoire qui séparent Mons-en-Laonnois de Laniscourt et au haut desquelles apparaissent les rochers où jadis ont été creusées des creuttes aujourd'hui effondrées, disparues, reconnaissables seulement à leurs ciels tombés, à leurs excavations, à la banquette ou plate-forme qui s'étendait en avant et s'était formée des débris de la fouille antique ; à droite, l'îlot de la Chestaie, avec sa ferme autrefois dominée par un moulin, avec ses bois qui cachent des creuttes nombreuses. A mes pieds, les cheminées du hameau taillé dans le tuf et qui domine l'ancien vignoble. En avant de la cuve, le village étalé en demi-cercle. Au troisième plan, la montagne de Laon qui occupe tout le centre du tableau et attire le regard par sa silhouette teintée en bleu foncé. Au loin et s'étendant en un immense arc de cercle, la falaise de séparation des bassins de l'Ardon et de l'Ailette, avec ses nombreux villages tapis dans la verdure, Laval, Nouvion, Presles, Vorges, Bruyères, dont les clochers étincèlent au soleil. Plus loin encore, la plaine de Sissonne, le Vervinois, les Ardennes dont les lignes indécises se fondent, à l'horizon, dans des profondeurs où l'œil ne distingue ni les formes ni les couleurs. D'un champ rapproché de Mons-en-Laonnois, une mince colonne de fumée montait tranquillement et droit vers le ciel ; elle s'étalait plus haut que l'église, aucun souffle de vent ne la gênant dans son ascension.

J'apercevais de loin en loin ici un homme, là une femme vendangeant dans les rampes de la cuve, et ne faisant aucun bruit qui animât ce paysage tranquille.

Il y a quarante ans, du haut du même rocher, exactement à la même place, à la même heure aussi, j'avais contemplé ce même paysage. A la fin des vacances passées au petit château du Bois-Roger, je venais chercher des vivres à Mons-en-Laonnois. C'était encore une scène de brouillard chassé par le soleil. Les mêmes côteaux verdoyants, les mêmes lointains, les mêmes détails, la même fumée tranquille avaient successivement apparu à mes yeux fascinés et éblouis.

Mais alors quel mouvement dans ce vignoble ! Aucun cépage n'avait encore été défriché. Il semble qu'en ce temps plus heureux, les printemps ne connaissaient pas les intempéries qui ont fait de nos jours renoncer à la culture de la vigne ; il semble que les étés étaient plus chauds.

Dans toutes les pièces de vigne, du haut de mon observatoire, j'apercevais des bandes nombreuses de vendangeurs rangés sur une seule ligne, tous avançant lentement, la tête baissée, la main occupée, les femmes avec une jupe écarlate, débris d'un ancien déshabillé de fin rouge qui, après avoir servi pendant dix ans de parure aux fêtes carillonnées et dimanches, s'achevait d'user aux travaux des champs, les hommes en blouse, et le traditionnel bonnet de coton sur la tête caressée par une bouffette qu'un geste rejetait en arrière.

Déshabillé de couleur rouge et bonnet de coton à houppe triomphante ont disparu pour toujours ; mais ce qui a disparu aussi, c'est l'animation et la gaîté de la vendange. Le matin, l'air étant frais, tout le monde se taisait. Les mains et le nez rouges, on travaillait comme des sourds ; mais on s'égayait quand le soleil perçait la brume. Tout d'un coup, une voix de jeune fille, fraîche, timbrée, vibrante, lançait vigoureusement un bout de ces chansons campagnardes que nous ne connaissons plus, de ces mélopées traînantes, incomplètement rhythmées, scandées en dépit de toute science musicale, dont chaque phrase finissait en un point d'orgue, dont j'ai encore le souvenir dans ma mémoire, et que je ne puis retrouver, tant est longue la distance qui me sépare de ces jours heureux et qui me font rêver. Il n'était point alors question de ces romances écœurantes que de nos jours les campagnardes disent avec prétention. L'écho répétait joyeusement ces simples mélodies qui du fond du vallon montaient jusqu'aux creuttes de la cime.

Quand la fille avait fini, toute la bande chantait en chœur une chanson de circonstance, le chant de la vendange, le chant fait pour les vendangeurs. On y disait le prix de la journée, — oh ! ce n'était pas cher, — la dureté du lit où l'on passait la nuit, la nourriture dont le travailleur se contentait, la boisson qui... la boisson que... enfin la boisson qui le réconfortait ou ne le réconfortait pas. Alors c'était des rires homériques, des lazzi sans fin, toujours les mêmes tous les ans, des joyeusetés à faire croire que la chanson était toute neuve, et elle n'était pas plus neuve que les railleries et les quolibets qu'elle inspirait. Je vous la dirais bien si elle n'était pas si gauloise, si impudemment risquée, si crue en ses termes, si poussée au gros sel. Enfin, c'était, comme le vin du terroir, un produit de la poésie du terroir. Elle débutait ainsi :

Aller en vendange
Pour gagner cinq sous.
Coucher sur la paille,
Attraper des poux.
Manger du fromage
Qui p... comme la rage.
Boire du vin doux
Qui fait, etc., etc., etc.

Un homme de peine passait dans les rangs et recevait les paniers pleins dans une hotte. Le propriétaire marquait chaque hottée d'une coche sur un bâton qui servait de registre. Le porteur descendait le sentier au bout duquel stationnaient des tonneaux vides et une petite charrette généralement attelée d'un âne, dont la voix faisait parfois la basse variée et peu fondamentale du chœur qui frappait l'air quelques pas plus haut. De temps en temps, une fillette poussait les hauts cris parce qu'un galant lui débitait quelques grivoiseries, ou risquait quelque geste hardi.

Ces pastorales bruyantes se passaient à l'ombre de trois ou quatre balayettes hissées à l'entrée du vignoble, dans les sentiers et au sommet de la montagne, pour annoncer le ban ou ouverture de la vendange. La première grappe cueillie était portée à l'église et pendue à l'autel de la Vierge ou du patron de la paroisse.

Aujourd'hui, le vignoble est décimé par l'arrachage. Plus de ban de vendange ; plus de prémices de la récolte offertes à la mère de Dieu ou aux saints ; plus d'animation ; plus de grandes bandes au milieu des ceps ; plus de grosse gaîté ; plus de grosse galanterie ; plus de mélopée faisant parler l'écho ; plus de chanson gauloise et effrontée faisant parler les ânes ; plus de vie dans ces cépages qui donnaient de si joli vin. Çà et là un ménage qui vendange sans bruit, sans rire, sans chanson, mélancoliquement. On dirait qu'aujourd'hui l'on ne sait plus ni rire, ni chanter, ni faire de tapage.

Depuis longues années, d'ailleurs, le succès n'est point encourageant. Les mauvaises vendanges ne poussent ni à conserver les vignes, ni à replanter surtout.

Adieu paniers : les bonnes vendanges ne sont plus à faire.

Vorges, 12 octobre 1873.

2°

Tout récemment, je finissais un article sur nos vendanges par cette phrase que je regrette : « Adieu,
« paniers. Bonnes vendanges ne sont plus à faire. » Aujourd'hui et à quinze jours de distance seulement, je ne
la réécrirais plus. J'ai visité, en effet, et ces jours pas-
sés, les vignobles de Vailly et de Craonne où l'on avait
beaucoup déplanté sous l'influence de circonstances
déplorables. Je doute aujourd'hui qu'on continue à
arracher les cépages, et, au contraire, si je ne me
trompe; on pense à replanter des vignes, en présence
des bonnes dispositions des fabricants et des mar-
chands de vins de Champagne qui affluent, depuis deux
ans, dans nos vignobles et y achètent, à des prix incon-
nus jusqu'ici, et les raisins au poids et le vin à la première cuvée.

La semaine dernière, je donnais dans ces mêmes
colonnes quelques détails sur ce qui s'était passé dans
le vignoble de Vailly où les Champenois payaient, sans
discussion et suivant qualité, cent dix, cent vingt et
cent trente francs la pièce de vin (deux hectolitres) qui
n'avait jamais dépassé jusqu'à présent soixante francs,
soixante-dix au grand maximum. Tout a été enlevé à ces
prix inattendus et rémunérateurs.

Ç'a été bien autre chose à Craonne et dans les environs immédiats. Il faut dire de suite que l'exposition
des coteaux y est bien autrement favorable, les cépages
de meilleure qualité et la culture peut-être plus soi-
gnée. Quoi qu'il en soit, la majeure partie des achats
s'est faite au kilogramme de raisin. On a vendu, et ce

sans querelle, le kilogramme de fruits quatre-vingt-dix centimes, parfois même un franc. Après défalcation du poids perdu du pédoncule ligneux de la grappe et de ses ramifications, de la pellicule, de la cellulose et des pépins des grains, ce qui semble établir une non-valeur d'environ un tiers sur le poids, le kilogramme de jus sortant du pressoir à la première pressée revient environ pour l'acheteur à 1 fr. 50 centimes, et les deux hectolitres (la pièce), à trois cents francs ou environ.

Quelques propriétaires de vignes, alléchés par ces hauts prix, ont voulu plus encore, et on nous en cite qui, pour avoir montré trop d'exigences et trop tardé, n'ont en définitive obtenu que 80 centimes.

Quelques raisins ont été travaillés à un pressoir banal ; la plus grande partie a été emportée en toute hâte à Reims et à Epernay. Le prix était payable moitié comptant, moitié en décembre ou janvier. On nous dit que quelques vendeurs ont tout reçu comptant contre livraison.

Il est certain que ces prix énormes, l'absence de tous frais après vendange, frais de manutention, de remplissage, de tonnellerie, etc., l'absence aussi de tous soins et soucis, doivent pousser les propriétaires de coteaux bien exposés à replanter promptement et en bonnes espèces, si tant est que la fabrication des vins de Champagne doive à l'avenir continuer, ce qu'il faut espérer, ses acquisitions dans nos vignobles.

C'est l'occasion de les étudier dans leur passé et dans leur avenir.

Nos coteaux du Laonnois marquent aujourd'hui la limite extrême des localités où la vigne se cultive en Europe, mais avec si peu de chances depuis une trentaine d'années que chaque année voyait diminuer le petit nombre d'hectares que les dernières statistiques attribuaient en vignobles au département de l'Aisne et

surtout au Laonnois. Il n'y a presque plus de vignes à
Crépy, à Laon, à Bruyères, à Vorges, à Mons-en-Laonnois. Il n'y en a plus du tout à ce Nouvion-le-Vineux
qui ne mérite plus son nom antique de *Noviandum vino-*
sum d'un titre de 1128, de *Noviantum vinosum* (1267), de
Noviant-le Vigneux, Nouviant-le-Vigneux (1394) que lui
attribuaient les actes nombreux relevés par le savant
archiviste de l'Aisne, M. Matton, dans son *Dictionnaire*
topographique. Coucy, qui fournissait toujours les vins
d'ordinaire des fourgons de la cantine militaire
d'Henri IV, a perdu à peu près tout son cépage dont les
produits actuels valent tout juste ce que valent aujour--
d'hui ceux autrefois renommés d'Argenteuil. Les excel-
lents vignobles de Beaurieux, Pargnan, Jumigny et
Cuissy, ont disparu presque complétement depuis vingt
ans et devant l'inconstance de nos printemps toujours
marqués par des gelées tardives et meurtrières. Au
nombre des causes modernes de ruine pour nos vignobles, il faut surtout compter l'invasion et la multi-
plication du hanneton qui a détruit tous les jeunes
plants ; cependant, il semble qu'il faille constater pour
ce fléau terrible une période de ralentissement. Espé-
rons que nos campagnes ne seront plus la proie de ces
larves destructrices à la voracité desquelles ne résistaient
même pas certaines des plus vieilles souches. Rangeons
aussi parmi les causes actives de la déplantation le
manque de bras ; les ouvriers font partout défaut à la
culture si compliquée et si peu rémunérée dela vigne.

Il est évident que, depuis trois siècles, et plus peut-être
encore pendant celui-ci, notre climat a subi une modification assez profonde pour que la vigne ait fait un pas
sensible en arrière. On a constaté qu'au siècle dernier
le thermomètre a marqué, un certain nombre de fois, 38
degrés à l'ombre du 25 au 28 août, époque de l'été où
la chaleur *maxima* s'obtient dans nos pays. C'est à peine

si on a constaté, dans ce siècle-ci, un *maximum* de 33 à 34 degrés à la même époque où se prépare et se commence, sous notre latitude, la maturation du raisin. Du 25 août au 1er octobre, date moyenne de la vendange, il nous manque donc aujourd'hui une somme sensible de chaleur, juste au moment où la vigne en a plus besoin.

Il ne faut pour établir ce mouvement de recul de la vigne dans nos contrées, qu'interroger le dictionnaire des noms de nos communes viticoles. En 1162, l'abbaye de Saint Médard de Soissons fondait, aux environs de Rozoy-sur-Serre, le village de Vigneux (*Vigniacus* en 1162, *Vinois* et *Vignois* en 1172, *Vinetum* en 1210), dans une situation où la vigne réussissait parfaitement alors. Au moyen-âge, on a Vignolle fief de Viry-Noureuil (canton de Chauny), et Vignois fief de Folembray (canton de Coucy). Vigneux, Vignolle et Vignois, pas plus que Nouvion-le-Vineux, ne produisent plus de raisin pour le pressoir. Chauny avait des vignes que tuèrent les deux hivers rigoureux de 1684 et 1694.

Descendons plus bas encore, c'est-à-dire dans le canton de Saint Quentin, à huit lieues plus loin que la montagne de Crépy sur laquelle sont plantées nos dernières vignes d'aujourd'hui. Sur un mamelon du terroir de Lesdins, nous ne trouvons pas sans étonnement la ferme, autrefois moulin, de Cauvigny, jadis appartenant à l'abbaye de Longpont dont les titres nous fournissent ces noms indicatifs du vignoble : 1158, *Molendinum de Chaveniaco ;* 1307, *Chaviniacum. Cauvigny,* c'est l'équivalent de Chavignon, *Cavinio,* vignoble de la cave, de la creutte, de la cuve, *cavœ ;* c'est l'équivalent de Chavigny (canton de Soissons), de Chavigny, hameau de Montgobert (canton de Villers-Cotterêts), de Chavonne (canton de Vailly). Ce sont tous mots formés de ces deux radicaux reconnaissables pour tous dès qu'on les signale : 1° *Ca, Cha, (Chas,* trou d'une aiguille,) d'où *Cava,* cave,

creutte et aussi *cuve*, emplacement demi-circulaire sous
la creutte, par exemple la *Cuve de Saint-Vincent* de
Laon ; 2° VINEA, vigne, d'où *Vigniacum*, vignoble en
mauvais latin. Chavignon, *Cavinio au* XIIe *siècle ;* Chavigny
près Soissons , *Caviniacus* en 1161 ; Chavigny près
Montgobert, *Cavigniacum* en 1209 ; Chavonne près Vailly,
Cavonia en 1143, sont tous des villages de creuttes et de
vignobles, comme Cauvigny près Lesdins qui s'appelle
Chavigniacum en 1307, d'après une charte du cartulaire
de Longpont (1).

Poussons plus loin encore, c'est-à-dire jusqu'à Ver-
mand, le chef-lieu du plus septentrional de nos trente-
sept cantons. Nous y trouverons, comme dépendance de
la commune de Trefcon, encore un autre Cauvigny où
une fabrique moderne de sucre remplace l'antique
pressoir bien oublié. Au moment où tous les vieux noms
se latinisaient, ce second Cauvigny où tout le monde
reconnaît facilement les deux radicaux *Cha et Vinea*,
s'appelait *Calvini* en 1132, et *Calveniacum* en 1148 (2),
vignoble de la cave, ou de la creutte, ou si l'on veut,
cave ou creutte du vignoble.

Cette étude à la fois de philologie et d'ampélographie
est extrêmement intéressante. Elle nous aide à constater
et à préciser la modification profonde que nos collines
à pentes peu prononcées, à terre légère, friable et cal-
caire, ont subies comme culture. Dans trente ans, si le
mouvement de déplantation n'est pas arrêté par une
circonstance inattendue l'an dernier, par exemple l'in-
tervention des fabricants de vin de Champagne, inter-
vention durable et constante et non pas d'un seul jour ;
dans trente ans, disons-nous, il n'y aura plus un cep ni

(1) V. *Dictionnaire topographique de l'Aisne*, au mot *Cauvi-*
gny, page 51.

(2) *Dict. top.* de M. Matton, page 51.

sur la montagne de Crépy, ni sur celle de Laon, ni sur
celle qui domine les villages de Bièvres, de Chamouille,
de Crandelain, de Monampteuil, etc. Les vignobles de
Pargnan et de Jumigny ruinés déjà, ceux de Craonne et
de Craonnelle, déjà entamés, subiraient, bien que regardant le midi, le même sort que ceux de Roucy, de Con-
cevreux, de Maizy, regardant le nord et dont la produc-
tion en vin était cependant considérable dans la première
moitié du xviiᵉ siècle, ainsi que l'établissent les enquêtes
sur les misères et les ruines causées par les deux
Frondes.

Ces enquêtes de 1651 à 1656, qui nous donnent des
détails très curieux et très neufs sur l'importante pro-
duction du vignoble de l'Aisne pendant le xviiᵉ siècle,
établissent qu'à lui seul le terroir de Roucy produisait
en moyenne mille pièces de vin par an.

Au moyen-âge, l'ensemble des vignobles du Laonnois
produisait, bon an, mal an, plus de quarante mille pièces de vin dont les Flandres achetaient le tiers au grand
marché dont le centre principal était Laon. M. Melleville constate qu'en 1632, et déjà le commerce de nos
vins périclitait, il se vendit 3,019 pièces de vin à Laon
pour l'exportation, 3,680 en 1660, et 6,760 pièces en
1698. Le pays puisait là une portion de sa richesse.

Il y avait des crûs qui possédaient un véritable re-
nom. Craonne fournissait des vins rouges corsés, soli-
des, d'une couleur aussi riche et intense que certains
vins de Bourgogne. Bien qu'ils ne passassent pas pour
être de longue garde, ce dont on s'aperçoit même dans
les celliers de Craonne, ils pouvaient atteindre une haute
vieillesse dans les profondes et excellentes caves de
Laon. Jumigny, Beaurieux, Cuissy dans le vignoble de
l'abbaye de ce nom au lieudit *Belle-vue*, Craonnelle
surtout, récoltaient un vin plus fin, plus généreux, d'une
digestion plus facile, et aussi de durée quand on le

conservait dans de bons milieux. Pargnan fabriquait un vin blanc admirable de ton, de parfum et de coloration aussi ambrée que les plus beaux vins blancs de la Gironde. Laon avait une réputation solidement assise sur les vins rouges et blancs, non de *la Cuve Saint-Vincent* comme on le dit, mais de *la Cuisine Saint-Vincent* au-dessus de Bousson, de *la Goutte d'or* sous Saint-Jean-l'Abbaye devenu la préfecture, et du *Mont-Doyart* au midi de la citadelle.

Vorges faisait un petit vin blanc tournant au ton vert, mais limpide comme de l'eau de roche. Les vins rosés de Colligis étaient charmants de goût, mais très dangereux et traîtres. Ils portaient rapidement au cerveau une ébriété douce et gaie qui passait comme l'éclair et ne laissait pas de suites fâcheuses.

Ce ne sont pas là des illusions d'amour-propre local. On a sur nos vins des renseignements anciens, historiques, authentiques et indiscutables.

Dès le XIVe siècle, on voit surgir ce qu'en bibliographie nationale on appelle *la Querelle des vins de Bourgogne et de Champagne*, ou *le Blason des vins*. Des poètes des deux provinces échangent de nombreuses et vives pièces de vers où les uns chantent les mérites, non de leurs dames, mais des crûs de Beaune et de Mâcon, où les autres professent leur prédilection et leurs préférences pour le jus doré des coteaux champenois, et parmi les vins dits de Champagne ceux du Laonnois sont plus d'une fois nommés, nous le verrons tout à l'heure. Cette bataille à coups de dithyrambes et de railleries, d'attaques et de ripostes versifiées, durait encore en 1706, année où l'on voit un jeune médecin de Reims soutenir devant la faculté de médecine de cette ville une thèse sur la prééminence du goût et de la salubrité du vin de Champagne sur le vin de Bourgogne, et *le Journal des Savants* insérer une dissertation en sens contraire rédigée par un docteur Salins de Beaune.

Lorsque des rois de France passent à Laon, c'est le vin de la montagne qu'on leur présente comme vin d'honneur, ainsi qu'aux évêques et gouverneurs de la ville prenant possession de leurs charges, ainsi qu'aux personnages .importants qu'on veut honorer ou fêter dignement, ou qu'on veut se rendre favorables. Charles IX passant à Laon pour aller se faire sacrer à Reims, on lui offrit des vins du Rémois et du Laonnois, et c'était ceux de ce dernier vignoble qui coûtaient le plus cher, dit l'historien de Laon, M. de Vismes, cité par M. Duchange dans sa notice sur les *Vins d'honneur* (1). Les Mémoires d'Antoine Richard sur la Ligue nous montrent le duc de Mayenne recevant, à son entrée à Laon, le 26 avril 1590, « le vin de présent de la part de » la ville. » Lorsque Laon ouvrit ses portes à Henri IV dans les derniers jours de juillet 1594, Antoine Richard raconte qu'il se tint une assemblée particulière du Corps de ville où il fut résolu « qu'il seroit pris soixante pièces « de vin des personnes dénommez en l'acte, qu'il seroit « achepté quatre pièces de vin pour présenter à Sa « Majesté, princes, seigneurs, » et, plus loin, que quatre pièces ¡de vin de Laon furent offertes par la ville à M. Claude de Lisle, seigneur de Marivaulx, que le roi venait de nommer gouverneur. La ville de Laon soutient un procès devant le Conseil d'Etat en 1670 ; c'est trois pièces de vin de Cuissy qu'elle envoie à Paris, aux commis du secrétaire d'Etat et à l'avocat qu'elle a choisi. En 1679, elle fit présent à l'intendant-général des finances Desmaretz de « deux demy-pièces de vin du meilleur de » la ville. »

Henri IV était grand amateur du vin de Laon. L'abbé Pluche, qui avait été principal du collège de cette ville,

(1) Bulletins de la Société acad. de Laon, T. 10, p. 95.

écrit, en 1752, dans son livre *Le Spectacle de la Nature*
(XIVe entretien sur les vins, Tome 2, page 277) : « Au
« sacre de Louis XV, on présenta sur la table du roi du
« vin de Reims de vingt-huit ou trente francs la queue,
« et du vin du pays laonnois plus cher que celui de
« Reims. » L'abbé Pluche ajoutait que les vignerons du
Laonnois avaient précédé ceux de la Champagne dans
la science de donner de la durée à leurs produits, en
leur permettant de supporter le voyage. « Cette mé-
« thode, exactement observée à Cuissy, à Pargnan et
« dans d'autres cantons du Laonnois, y produit des vins
« que toute la Flandre estime presque autant que ceux
« de Bourgogne et de Champagne. » L'abbé Pluche cite
enfin, dans un passage que je n'ai pu retrouver, et avec
le plus grand éloge le vin de la *Cuisine Saint-Vincent*. Il
nous apprend encore autre part que les moines de cette
abbaye soignaient parfaitement leur vignoble et sui-
vaient sévèrement les opérations du pressoir.

Dans son *Histoire de Laon* (1), M. Melleville avait re-
produit, pour prouver la renommée des vins du Laonnois, ce passage de Fauvel, poëte du XIVe siècle, qui
énumérait, dans une pièce faisant partie du *Blason des
vins*, et dans un dénombrement à la façon d'Homère,
tous les vins qui parurent dans un festin royal :

> Vins y bons et prétieux,
> A boire moult délicieux,
> Citonandés, rosés, florés,
> Vins de Gascoigne colorés,
> De Montpellier et de Rochèle (2)
> Et de Garnache (3), et de Castèle (4),

(1) Tome I, page 24.
(2) De La Rochelle.
(3) De Grenache.
(4) De Castille.

> Vins de Beaulne et de Saint-Pourcain,
> Que riches gens tiennent pour sains,
> De Saint-Gengon et de Navare,
> Du vinon (1) qu'on dit La Bare,
> D'Espagne, d'Anjou, Orléanois,
> D'Auceure et du *Laonnois*,
> De *Saint-Jehan*, etc., etc.

Le vin de Saint-Jean est probablement celui du vignoble de la *Goutte d'or* sous l'abbaye de Saint-Jean de Laon.

Un poëte plus moderne va célébrer aussi les mérites du vin de Laon et le mettre une fois de plus juste sur la même ligne et à la même hauteur que les grands vins de la montagne de Reims. C'est Valentin Conrart, le premier secrétaire perpétuel qu'ait eu l'Académie française. Chez lui se réunissaient, dès 1630, les beaux esprits, les grands écrivains que Richelieu appela plus tard à fonder l'Académie. Conrart est moins connu par ses rares œuvres qu'on ne lit plus que par ce fameux vers de Boileau :

> Imitons de Conrart le silence prudent.

Heureusement, un jour, en parlant du vin de Laon, Conrart ne garda point un silence trop prudent.

Si le premier secrétaire perpétuel des quarante Immortels se fit peu imprimer, en revanche il écrivit beaucoup. Le fonds Conrart de la Bibliothèque nationale contient une immense et curieuse collection qui a gardé le nom de son créateur. Entre un grand nombre de lettres, de satires, d'odes, de madrigaux, etc., dus à la plume féconde de Conrart, on remarque une jolie chanson à boire qu'il chanta sans doute dans une de ces

(1) Vignoble.

fines parties de cabaret qu'aimaient tant les écrivains d'alors,

La voici textuellement empruntée au fonds Conrart, tome 43, page 34 :

Oste moi ceste { liqueur fade,
              limonade,
C'est un breuvage de malade.
Donne-moi de ce vin nouveau ;
Mais donne-le moi sans mélange.
Je n'en veux que de ce tonneau.
Prends garde qu'on ne me le change.

Son rouge a pour moi tant de charmes,
Que je veux porter pour mes armes :
De gueules à la bouteille d'or,
J'entends à la bouteille pleine
De ce jus tiré du trésor
Ou d'Argenteuil ou de Suresnes.

O riche trésor de la treille,
O jus charmant de la bouteille,
Si vermeil, si clair et si pur !
N'en déplaise à la Colombière,
Même devant l'or et l'azur,
Ta couleur marche la première.

Le vin de la basse Allemagne
Est un petit vin de campagne
Qui ne sert qu'à laver les reins ;
Mais celui de notre Champagne,
D'Ay, d'Avenay, *Laon* et Reims,
A peine le cède à l'Espagne.

Comme témoin *de gustû* de la qualité de nos vins du Laonnois, je puis citer un fait qui m'est personnel. En 1858, ou 1859, j'achetai à la vente après décès d'un des frères de Signières, de Laon, environ deux cent cinquante bouteilles, des bouteilles à formes archéologiques, de très-vieux vins, tous de nos meilleurs crûs du Laonnois : Craonne rouge et blanc de 1785 Craonnelle 1788 et 1790, Laon (*Cuisine de Saint-Vincent*), de 1790, 1795 et surtout de 1811 dit *de la Comète*, Cuissy et Pargnan d'avant notre siècle. Rien que les fioles auraient fait pâmer d'aise certains curieux. Par amour de la gloire du pays plus que par amour du vin, je bois peu et ne suis pas gourmet, je poussai ces fonds de cave assez loin. Ces vins me revinrent à plus de trois francs la bouteille en moyenne, prix très-élevé eu égard à la chance de nombreuses non-valeurs. Généralement, il n'y eut qu'une bonne bouteille sur trois ; deux étaient toujours ou éventées ou passées au vinaigre. Ce qui était bon était admirable, non pas à mon témoignage de petit connaisseur, mais au dire de vrais experts en la matière. Le vin blanc de Saint Vincent et surtout celui de Craonne étaient restés parfaits.

Au moment où l'avenir revient, ce semble, à nos vignobles, il m'a semblé opportun et utile de rappeler ce qu'ils ont valu et à quelle estime, à quelle hauteur on les tenait. Ce peut être un encouragement pour ceux qui ne craindront pas de puiser à cette source ancienne de fortune ou tout au moins de bien-être.

ED. FLEURY.

Vorges, 24 octobre 1873.